Sitzungsberichte
der Akademie der Wissenschaften
der DDR
Mathematik – Naturwissenschaften – Technik

7N

1983

Günter Tembrock

Verhaltenswissenschaften in Theorie und Praxis Tendenzen Entwicklungen

AKADEMIE-VERLAG · BERLIN

Sitzungsberichte
der Akademie der Wissenschaften
der DDR
Mathematik—Naturwissenschaften—Technik

Jahrgang 1983 · Nr. 7/N

Günter Tembrock

Verhaltenswissenschaften in Theorie und Praxis
Tendenzen
Entwicklungen

AKADEMIE-VERLAG · BERLIN
1983

Vortrag von Günter Tembrock, Korrespondierendes Mitglied der Akademie der Wissenschaften der DDR in der Wissenschaftlichen Sitzung des Plenums am 16. September 1982

Herausgegeben im Auftrage des Präsidenten der Akademie der Wissenschaften der DDR von Vizepräsident Prof. Dr. Heinrich Scheel

ISSN 0138—3956
Erschienen im Akademie-Verlag, DDR-1086 Berlin, Leipziger Str. 3—4

Lizenznummer: 202 · 100/71/83
Printed in the German Democratic Republic
Gesamtherstellung: VEB Druckhaus Köthen
LSV 1375
Bestellnummer: 763 285 7 (2010/83/7/N)

00300

I

Die Verhaltensbiologie, die auch vergleichende Verhaltensforschung oder Ethologie genannt wird, durchlief in ihrer geschichtlichen Entwicklung drei große Phasen:

1. Angeregt durch das Evolutionskonzept von Darwin begannen einige Feldbiologen unabhängig von der Arbeitsweise der Tierpsychologen (vgl. Tembrock 1982), die sich damals mit Problemen der „geistigen Entwicklung" in vielfältigem Meinungsstreit auseinandersetzten (z. B. Garratt 1862, Perthy 1876, Büchner 1876, Schneider 1880, Jaeger 1884, Romanes 1885), sorgfältige Beobachtungen in der freien Natur durchzuführen, um die Bewegungsmuster der Tiere in ähnlicher Weise als Arteigenschaften zu erfassen wie ihren Körperbau. Es setzte damit eine intensive Phase der Verhaltensbeschreibung ein, wobei der auch damals bereits verwendete Begriff „Ethologie" in einem sehr umfassenden Sinne verwendet wurde, ähnlich wie „Lebensweise" oder „Lebensgewohnheiten". 1898 veröffentlichte O. Whitman seine ersten Beobachtungen an Tauben, 1904 erschien in deutscher Übertragung das Buch „Instinkt und Gewohnheiten der solitären Wespen" von G. und H. Peckham, und 1911 setzte O. Heinroth mit seinen vergleichenden Verhaltensstudien an Entenvögeln einen Markstein, wobei seine Konzepte zugleich die Wende zur nächsten Phase der Entwicklung der vergleichenden Verhaltensforschung einleiteten.

2. Im zweiten Dezennium unseres Jahrhunderts traten Bemühungen in den Vordergrund, die bisher gewonnenen Phänomene zu ordnen, neu zu durchdenken, daraus gewisse allgemeine Prinzipien abzuleiten und in ein theoretisches Konzept zu überführen. Diese Phase wird vor allem durch zwei Ansätze bestimmt: das Umwelt-Konzept von J. v. Uexküll (1909) und das Konzept der Appetenz, Aversion und „Endhaltung" für motiviertes Verhalten von Craig (1918). Dabei ist freilich zu berücksichtigen, daß in jener Zeit dasselbe Problemfeld auf wenigstens vier verschiedenen Wegen angegangen wurde:

– Fragestellungen und Methoden der „klassischen" Tierpsychologie, für die Scheitlin bereits 1840 ein zweibändiges „Lehrbuch" vorgelegt hatte, durch Wundt (ab 1863) eng mit der Humanpsychologie verknüpft, 1912 durch K. C. Schneider in seinem Spannungsfeld widerstreitender Auffassungen vorgestellt, sowie durch weitere Namen danach bestimmt wie McDougall, Buytendijk, Bierens de Haan oder Fischel, wobei auch diese bereits wieder viele Fazetten dieses Bildes repräsentieren, zu dem auch die damaligen Irrwege gehören, die mit den „denkenden“ Hunden und Pferden angedeutet seien (vgl. Mitt. Ges. f. Tierpsychol. ab 1913).

- Die „Gestaltpsychologie“, die sich mit den Namen von Ehrenfels (1890), Wertheimer (1925), Köhler (1930), Koffka (1935), Lewin (1936) und Katz (1948) verbindet. Köhler hat seine berühmten Studien an Schimpansen im Auftrag der damaligen Preußischen Akademie der Wissenschaften unter diesem Konzept durchgeführt (Köhler 1921); M. Hertz (1933) hat an der Berliner Universität auch einschlägige Vorlesungen hierzu gehalten.
- Der physiologische und experimentell orientierte Ansatz, einerseits vertreten durch die Reflexlehre (vgl. Pawlow 1926, ferner aber auch durch den „Behaviorismus“, begründet durch J. B. Watson (1919), verbunden mit Namen wie Hull und Skinner (vgl. Friedrich et al. 1978). Hierher sind aber auch jene Tierphysiologen zu rechnen, die sich bereits 1899 (Beer, Bethe, v. Uexküll) von der Tierpsychologie absetzten und experimentell vor allem die Leistungen der großen Sinnesorgane untersuchten, dabei auch Probleme der Orientierung im Raum einschließend. Hier seien stellvertretend K. v. Frisch (1923), O. Koehler (1926) und an der Berliner Universität A. Kühn (1919) und K. Herter (z. B. 1953) genannt.
- Der ethologische Ansatz, der nun durch K. Lorenz (z. B. 1935), N. Tinbergen, Kortlandt und Baerends (vgl. Lorenz 1978), anknüpfend an und zu dieser Zeit auch noch mitgetragen durch O. Heinroth vertreten wird.

3. Mit den dreißiger Jahren unseres Jahrhunderts bildete sich eine dritte Phase in der Entwicklung unserer Disziplin heraus, die vor allem durch eine Integration neuartiger neurobiologischer Fragestellungen und Erkenntnisse in ihre neue Qualität überführt wurde, wobei die Arbeiten von Hess (Zusammenfassung 1968) sowie jene von E. v. Holst, begonnen am damaligen Zoologischen Institut der Berliner Universität (vgl. 1939) als Schüler von R. Hesse an dieser Entwicklung einen besonderen Anteil hatten, aber auch Bethe (Zusammenfassung 1952) ist in diesem Zusammenhang zu nennen. Es entsteht nunmehr ein „Lehrgebäude“ der Verhaltensforschung, die sich damit zu einer eigenständigen Disziplin formiert. Dieser Entwicklungsschritt ist erstmals klar durch das grundlegende Buch von N. Tinbergen (1951) ausgewiesen. Es bildeten sich einige Forschungszentren für diese Disziplin heraus; in Berlin, gestützt durch die Akademie der Wissenschaften, ab 1948 an der Humboldt-Universität. Im Gefolge dieser Entwicklung verloren Begriffe wie „Tierpsychologie“ und „Instinkt“ ihren heuristischen Wert und verschwanden aus der praktischen Forschungsarbeit.

Die zuletzt genannte Etappe führte zugleich zu einer spezifischen Integration der neuen Disziplin in historisch gewachsene Strukturen der Gesellschaft und hatte damit eine neue Qualität der Wechselwirkung im Gefolge, die in den letzten beiden Dezennien durch die starke Entwicklung der Biologie Dimensionen gewann, die sich auch in der Umsetzung der Wissenschaft in der Gesellschaft und in den

Anforderungen der Gesellschaft an die Wissenschaft vielfältig niederschlugen. Dieser Prozeß ist noch voll im Gange, wobei die jeweiligen Gesellschaftsordnungen in der Welt in spezifischer Weise die Entwicklungen und Tendenzen unserer Disziplin bestimmen, die darüber hinaus natürlich auch weiterhin durch die Eigendynamik der Verhaltensbiologie als Wissenschaft ihr Gepräge erhalten. Im Gefüge der biologischen Wissenschaften ist die Verhaltensbiologie zwischen der Tierphysiologie einerseits und der Ökologie andererseits angesiedelt, mit beiden durch spezielle Wissenschaftskonzepte verknüpft, die heute durch Namen wie „Neuro-Ethologie" und „Öko-Ethologie" ausgewiesen sind (vgl. Ewert 1980; Krebs, Davies 1981). Das Evolutionskonzept verknüpft unsere Disziplin darüber hinaus mit den Humanwissenschaften (vgl. Johst 1982).

Im Gegenwartsbild zeichnen sich folgende Forschungs-Schwerpunkte ab:

- „Erhaltungsstrategien" des Verhaltens für Organismen als multistabile offene Systeme
  - Homoiostase und Verhalten
  - Bewegung und Orientierung
  - Stoffwechsel und Schutz
- „Anpassungsstrategien" des Verhaltens
  - Verhalten im Dienst der biologischen Evolution als Mittel der ökologischen Einmischung, als Mechanismus der Selektion, nichtzufällige Änderungen im Genbestand von Populationen bewirkend
  - Adaptationen auf der Grundlage individueller Erfahrung, verbunden mit der Entwicklung besonderer Gedächtnis-Strukturen, der Herausbildung universeller Lernmechanismen sowie spezieller Interaktionsformen mit der Umwelt, die gewöhnlich als „Erkundungsverhalten" zusammengefaßt werden; hier gewinnt der Aspekt der Ontogenese des Verhaltens eine besondere Valenz.
- „Strategien des Zusammenlebens" zwischen Artgenossen in Populationen sowie in biosozialen Struktur-Einheiten. Damit wird ein übergreifender Aspekt angesprochen, der in jüngster Zeit durch die „Soziobiologie" eine neue Dimension angenommen hat, sie nur im Kontext der dritten Entwicklungsphase angemessen interpretiert werden kann.
- Allgemein konzeptionelle Ansätze im Zusammenhang mit
  - Steuerung und Regelung sowie Systemeigenschaften des Verhaltens
  - Variabilität und Vererbung
  - Entwicklung (Phylogenese und Ontogenese)
  - übergreifenden multidisziplinären Fragestellungen, Anforderungen der Praxis eingeschlossen.

Die neue Qualität der gesellschaftlichen Einbindung der Verhaltenswissenschaften mit der dritten Phase der Entwicklung legt zunehmend Valenzen der Umsetzung in die gesellschaftliche Praxis frei, die heute auch in der DDR ein beachtliches Spektrum aufweisen, wobei der Schwerpunkt jedoch in der Tierproduktion — die Fischproduktion eingeschlossen — liegt. Die Nutztierethologie, vielfach als

„Ethopraxis" bezeichnet, hat gegenwärtig einen beachtlichen Stellenwert (vgl. Porzig 1969, Sambraus 1978, Scheibe 1982). Diese Aufgabenstellung ist durch ein eigenes RGW-Thema ausgewiesen, seit 5 Jahren koordiniert und planmäßig durch einen Arbeitskreis „Verhalten landwirtschaftlicher Nutztiere" bei der Forschungskooperationsgemeinschaft (FKG) „Tierhygiene" in der DDR gefördert.

II

Als die Verhaltensbiologen mit dem Registrieren und genauen Beschreiben von Bewegungsverläufen und Bewegungsmustern in der ersten Phase unserer Disziplin begannen, legten sie sich bewußt (oder unbewußt) eine gewisse Selbstbeschränkung auf, die in der ersten Phase einer Wissenschaft durchaus „weise" sein kann oder auch ist, sich aber — darüber hinaus festgeschrieben — Entwicklungshemmend auswirkt, denn der nun geforderte Erkenntnisprozeß kann nicht auf die Regelhaftigkeiten von Abläufen reduziert werden, er muß sich auf die Durchdringung des Ursachengefüges orientieren. Das setzt Wissen um die Zusammenhänge voraus, die den Komplexgrad der Struktur bestimmen. In diesem Sinne muß auch eine Verhaltensanalyse davon ausgehen, daß Verhalten selbst an offene, ultrastabile, adaptive Systeme gebunden ist, die zur Selbstorganisation und Selbstinstruktion befähigt sind, was einen für sie jeweils relevanten Ausschnitt der realen Außenwelt einbezieht, der durch seine Wechselwirkungen mit diesen Systemen (den Lebewesen) seine spezielle Qualität als „Umwelt" erhält (vgl. Lundberg 1981). In diesem Wechselspiel mit der Umwelt sind die drei prinzipiellen Bezugsformen (1) die Anpassung oder Adaptation, (2) die Erhaltung eines Fließgleichgewichtes als Regulation sowie (3) die Ablösung von bestimmten Einflußgrößen als „Emanzipation" (vgl. auch Kühnelt 1965).

Damit wird Verhalten zu einem multi-dimensionalen Phänomen (Groves 1976), das ein Raum-Zeit-System der Umweltbeziehungen aufbaut, innerhalb dessen bestimmte Beziehungen Richtung und Geschwindigkeit des Prozesses festlegen. Evolutionsbiologisch sieht man heute diese Beziehungen in folgenden „Relationsmatrizen":

- Beziehung zwischen der Anzahl der Lebewesen und der raumzeitlichen Verteilung der Ressourcen in der Umwelt, die für sie lebensnotwendig sind
- Konkurrenz zwischen Anwärtern auf die gleichen Requisiten in der Umwelt
- Spezialisierung auf ökologische Nischen als spezielles multidimensionales Faktorengefüge, was auch ein „Miteinander" konkurrierender Arten in Grenzen ermöglicht.

Für die Spezifik des verhaltensbiologischen Ansatzes zur Analyse solcher Interaktionsgefüge zwischen Organismus und Umwelt sind die beiden folgenden Begriffpaare repräsentativ:

1. Organismus — Umwelt
2. Informationswechsel — Interaktion.

Die spezielle Qualität der Verhaltensforschung bildet der Begriff „Interaktion" ab, dem das Interaktionsfeld „Organismus — Umwelt" zugrundeliegt, während die Prozeßstruktur dieser Interaktionen durch den Informationswechsel charakterisiert wird. Es steht in der allgemeinen Beschreibung der Lebensprozesse an Stelle des älteren auf Glisson und A. v. Haller zurückgehenden Begriffs „Irritabilität" und knüpft an einen „strukturellen" Informationsbegriff an (vgl. Klix 1973). Seine Parameter können durch die Rezeptor-, Neuro- und Muskelphysiologie in ihrem Ursachengefüge erschlossen werden, während die Organismus-Umwelt-Phänomene mit ökologischen Forschungsansätzen erfaßt werden. Die eigenwertigen Fragestellungen der Verhaltensbiologie leiten sich aus den Interaktionsprozessen ab, die eine spezielle Relations-Matrix zwischen physiologischen und ökologischen Parametern errichten, durch eigengesetzliche Dynamik ausgezeichnet sind, und über drei Funktions-Ebenen umgesetzt werden:

- Dynamik der Eigenschaften des Individuums
- Dynamik des Verhaltensvollzugs
- Dynamik der Eigenschaften von Fortpflanzungseinheiten über die Generationenfolge hinweg, von der ordnenden Systematik als elementare Taxa definiert und hierarchisch zusammengefaßt.

Dem Begriff „Dynamik" liegen hier die konstitutionellen evolutiv gewordenen Eigenschaften der Lebewesen mit der Dialektik „Struktur — Funktion" zugrunde.

Das Interaktionssystem mit der Umwelt wird durch die besonderen, bereits angeführten organismischen Eigenschaften, die sich als Formwechsel, Stoffwechsel und Informationswechsel manifestieren, auf diesen drei Ebenen bestimmt, da „Umwelt" stets in Relation zu dem jeweiligen Verhalten, Individuum oder der „Art" definiert werden kann. Die Struktur der Interaktion ist durch den für das Verhalten notwendigen Informationswechsel gegeben. Wir versuchen, sie mit dem „Drei-Vektoren-Modell" des Verhaltens zu erfassen (Abb. 1).

Hier repräsentiert das äußere Verhalten den Ausgangsvektor Y, während die Informationsaufnahme und -vorverarbeitung im Eingangsvektor vollzogen wird; der Zustandsvektor realisiert das interne Faktorengefüge, das Speichern, Leiten und Wandeln einschließt, wobei spezifische qualitative Eigenschaften der Lebewesen durch Begriffe wie „Motivation" (= Verhaltensbereitschaft), Emotion (emotionaler Status) und Aktivierungsniveau umschrieben werden. Mit dieser Darstellung wird klar, daß der Begriff „Verhalten" im Organismus dreimal untersetzt ist als Eingangs-, Zustands- und Ausgangsverhalten. Es läßt sich zeigen, daß bei der Herausbildung der Biokommunikation entsprechend drei prinzipielle Stufen unterscheidbar sind, die sich mit der Übertragung informationeller und funktioneller Zustandsformen der drei Vektoren in Beziehung setzen lassen. Die übertragenen Informationen sind in der ersten Stufe eine Funktion von Y (Ausgangsverhalten), in der zweiten von Z (Zustandsverhalten) und in der dritten von X (Eingangsverhalten des Senders). Voraussetzung ist dabei, daß Sender und Empfänger zum gleichen Genpool, einem kompatiblen Genbestand gehören und damit über ein gemeinsames „Grundalphabet" verfügen.

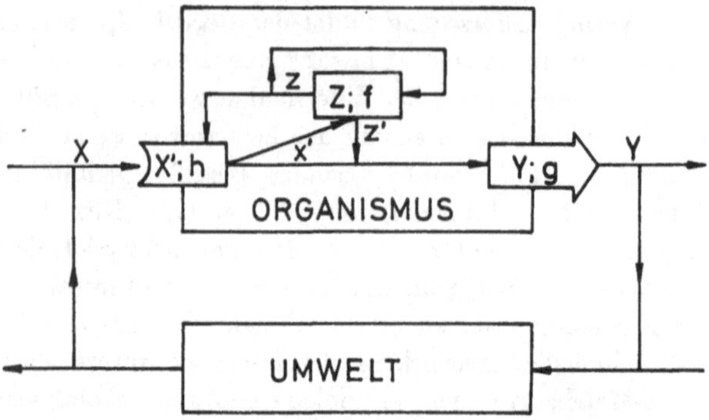

Abb. 1 „Drei-Vektoren-Modell" des organismischen Verhaltens. X = Menge der exogenen Signale; X' = Menge der von außen aufgenommenen Signale; Z = Menge der inneren Zustände; Y = Menge der Ausgangsgrößen; f = Zustandsüberführungsfunktion; g = Ausgabefunktion; h = Aufnahmefunktion; $z' = f(x', z)$; $y = g(x', z)$; $x' = h(x, z)$ (nach Lundberg 1981)

Die Eingangssignale, die das Eingangsverhalten determinieren, können drei grundsätzlichen Interaktionsbereichen entstammen:

- dem eigenen Körper und seinen Eigenschaften
- dem Ökosystem und seinen Eigenschaften
- dem Populationssystem (Artgenossen) und seinen Eigenschaften.

Dieser Zusammenhang wäre im Falle einer Raumorientierung durch folgende Beispiele ausgewiesen:

- Idiothetische Orientierung: Die Informationsparameter entstammen dem eigenen Körper; der Gekko (Reptilia) *Hemidactylus frenatus* — und ähnlich viele andere Reptilien und Säugetiere — speichert beim Verlassen der Höhle und Aufsuchen des nahe gelegenen Sonnenplatzes die dabei vollzogenen Muskelbewegungen und Raumlageänderungen des Körpers intern ab, so daß er über eine „propriorezeptive Standortkenntnis" verfügt, die es erlaubt, den Schutzort bei Gefahr in Sekundenbruchteilen ohne zusätzliche Außenorientierung wieder aufzusuchen, wofür in dem genannten Beispiel durch Duelli (1975) in entsprechend angelegten Versuchen der Nachweis erbracht werden konnte („Körperorientierung").
- Orientierung mit Hilfe von äußeren Orientierungsmarken, wie sie ein Vogel oder eine Honigbiene nutzen, um sich zum Nestplatz zu orientieren („informationelle Orientierung").
- Orientierung unter Einsatz der Biokommunikation: Der Artgenosse liefert die orientierenden Signale, in selteneren Fällen auch für Raumpunkte, an denen er sich selbst nicht befindet. Ein Sonderfall ist bei der Honigbiene gegeben, die Richtung und Entfernung von Trachtquellen im Stock anzeigen kann („biokommunikative Orientierung").

Hier wäre anzumerken, daß wir mit diesen drei Prinzipien der Interaktionen mit der Umwelt Qualitäten angesprochen haben, die eine Enkapsis bilden: Die Körperorientierung ist in veränderter Qualität in der informationellen Orientierung aufgehoben, und diese wieder in der biokommunikativen Orientierung, die übrigens in der weiteren Evolution — und das ist mit Blick auf die Menschwerdung gemeint — in ein Traditionsgefüge eingebettet wird, dem entsprechende Lernansprüche der Individuen zugeordnet sind. Wir können diesen Zusammenhang jetzt in eine allgemeinere Aussage überführen: Umweltansprüche, die sich aus den Besonderheiten der Lebenseigenschaften ableiten, treten im organismischen Kontext in drei eine Enkapsis bildenden Qualitäten auf, die ihre speziellen Eigenschaften durch die Art des Umweltbezuges (eigener Körper, Ökosystem, Populationssystem) erhalten. Wir bezeichnen diese Qualitäten der Umweltansprüche auch als solche 1. bis 3. Ordnung. Daraus resultiert eine auch für die Anwendung in der Praxis wichtige Folgerung: Im aktuellen Funktionsbezug gibt es wenigstens zwei qualitative Typen von Randbedingungen. Ein Organismus, dessen aktueller Verhaltensbezug beispielsweise auf den eigenen Körper bezogen ist (z. B. „Komfortverhalten“ = Körperpflege), kann durch Eigenschaften des Lebensraumes, in dem er

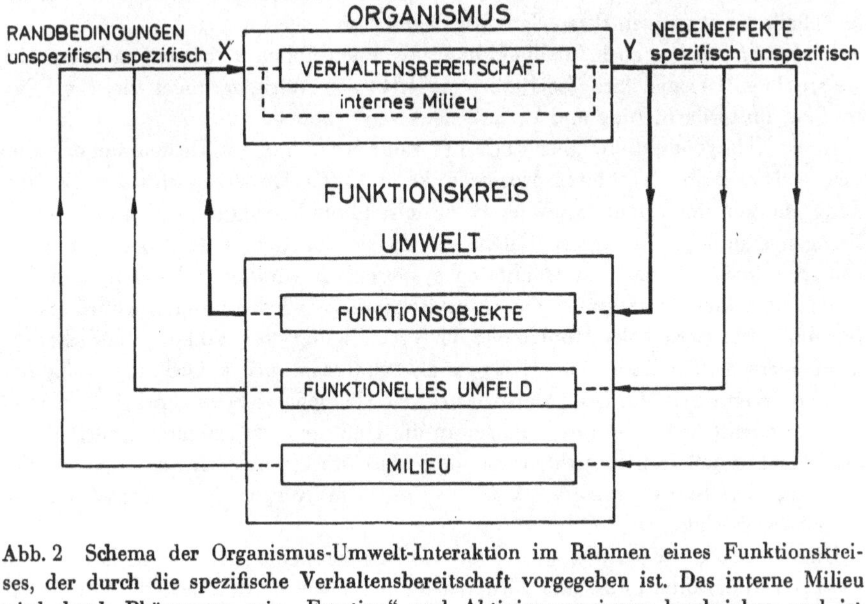

Abb. 2 Schema der Organismus-Umwelt-Interaktion im Rahmen eines Funktionskreises, der durch die spezifische Verhaltensbereitschaft vorgegeben ist. Das interne Milieu wird durch Phänomene wie „Emotion“ und Aktivierungsniveau beschrieben und ist eine Konstituente der „inneren Randbedingungen“, deren funktionelle Anteile wie etwa bestimmte emotionale Statusformen mit einer speziellen Verhaltensbereitschaft gekoppelt sein können, oder aber als inneres Milieu unspezifische Randbedingungen liefern, die vorrangig aus den entsprechenden Eingangsgrößen resultieren; hier liegt eine mögliche Quelle von Belastungswirkungen, wenn dieser „Rauschanteil“ sehr hoch ist (verändert nach Lundberg 1981).

sich gerade befindet, mittelbar beeinflußt werden und wenn Artgenossen im Sinnesbereich sind, auch durch diese (Populationssystem). Es ist eben ein Unterschied, ob man „alleine ist" oder „in Gesellschaft", wenn man den eigenen Körper pflegt; das muß aber nicht bedeuten, daß in jedem Falle diese Randbedingungen wirksam werden. Doch wissen wir, daß bei hoher Besatzdichte („crowding"-Effekt) die Körperpflege systematisch beeinflußt werden kann, und dies wieder korreliert mit dem speziellen Status des Individuums in der Gruppe. Solche Randbedingungen sind auch eine Voraussetzung für die Wirkungen der Enkapsis, aber diese sind dadurch gekennzeichnet, daß sie als spezielle angepaßte und evolutiv (oder ontogenetisch) entstandene Interaktionsformen gegeben sind. Dazu würde in unserem Beispiel eine „biosoziale Körperpflege" gehören.

Diese Betrachtungsweise erfordert aber nunmehr auch eine Einbeziehung der Modalitäten der Umweltinteraktionen. Sie sind durch die grundsätzlichen Klassen der Funktionen, die sich für den Organismus mit den Umweltinteraktionen verbinden, bestimmt. Wir unterscheiden hier: Raumansprüche, Zeitansprüche, Informationsansprüche, Stoffwechselansprüche, Schutzansprüche und Partneransprüche, also 6 Modalitäten, die entsprechend den vorstehenden Darlegungen in (wenigstens) drei Qualitäten auftreten können. Daraus leitet sich eine Matrix ab, die wir in Tabelle 1 mit einigen Beispielen ausgelegt haben.

Dieser Ansatz hat auch für die Ethopraxis einen hohen heuristischen Wert. Das sei an einem Beispiel (Scheibe 1982) vorgestellt als „Wirkpaarungen zwischen Futter bzw. Futterdarbietung und Verhaltensweisen" (Tabelle 2).

In der Tierproduktion, aber auch bei zahlreichen im natürlichen Lebensraum sich vollziehenden Verhaltensprozessen kommt den Umweltansprüchen 3. Ordnung, die von der Population oder Biosozialstruktur bestimmt werden und auf sie bezogen sind, eine besondere Valenz zu, da sie auf Grund der oben genannten Enkapsis auch die anderen Qualitäten systematisch verändern können, und dies in den einzelnen Modalitäten der Umweltansprüche wieder unterschiedlich. So ist für eine „Arbeiterin" der Honigbiene bei Verteidigung des „Volkes" die Sicherung der Unversehrtheit des eigenen Körpers als Schutzanspruch 1. Ordnung völlig aufgehoben zugunsten des Schutzanspruches der Gruppe als Schutzanspruch 3. Ordnung. Sie geht, wenn sie ihren Stachel in die Haut eines Säugetieres einbringt, zugrunde. (Das gilt freilich nicht, wenn sie andere stockfremde Bienen angreift, hier kann sie den Stachel unversehrt wieder aus dem Körper des angegriffenen Insekts herausziehen.)

Die eminente Bedeutung des Gruppenverhaltens und der Wechselwirkungen zwischen Individualstatus und Gruppenstatus haben in den letzten Jahren die Aufmerksamkeit der Forschung in hohem Maße auf sich gezogen, wobei mit der „Soziobiologie" ein Konzept entwickelt wurde, das neben Ansätzen von hoher heuristischer Valenz auch fragwürdige wissenschaftlich nicht oder unzulänglich gestützte Ansprüche einer Anwendung auf den Menschen einschließt. Unzweifelhaft steht freilich fest, daß entscheidende Evolutionsvorgänge beim Individuum ansetzen, und daß damit individuelle Eigenschaften im Aufbau biosozialer Gefüge

Tabelle 1 Modalitäten und Qualitäten der Umweltansprüche

Qualität (= Ordnungsgrad) Modalität	1. Körper als Umwelt	2. Ökosystem als Umwelt	3. Populationssystem als Umwelt
Raumansprüche	Kontaktraum konstitutionelle Raumansprüche	Bewegungsraum informationelle Raumansprüche	Gruppen-Raum kommunikative Raumansprüche
Zeitansprüche	konstitutionelle Zeitansprüche	verhaltensbedingte Zeitansprüche	gruppenspezifische Zeitansprüche
Stoffwechselansprüche	Nährstoffe für den Bau- und Betriebsstoffwechsel	über Verhalten selektierte Nahrung	kollektive Nahrungsansprüche, Nahrung durch Vermittlung von Artgenossen
Schutzansprüche	Unversehrtheit und Funktionsfähigkeit des Körpers (konstitutionelle Schutzansprüche)	Störfreiheit des Verhaltens	Unversehrtheit der Gruppe und ihres Verhaltens (kollektive Schutzansprüche)
Informationsansprüche	Körperbeherrschung (Primärorientierung)	Orientierung in Raum und Zeit. Identifikation von Objekten und Verläufen, motivationsspezifische Information	Kommunikationsansprüche im biosozialen Kontext
Partneransprüche	Partner zur Sicherung der physischen Existenz unter Einschluß der Generationenfolge	selektive Partnerschaft zur Sicherung der inklusiven Fitness: Sexualverhalten, Brutpflege	biosoziale Partnerschaft, eigenmotiviert und daher nicht auf Sexualverhalten und Brutpflege beschränkt

eine besondere Bedeutung erlangen, denn sie erhöhen (1) die Effizienz des „Nachrichtenaustausches" (der Biokommunikation), und (2) fördern sie die Komplexität solcher Gruppenstrukturen. Dabei lassen sich nach unserem Grundkonzept wieder drei Ebenen solcher Individualdifferenzen innerhalb einer Tierart unterscheiden:

- Konstitutionelle Unterschiede (z. B. Geschlecht, Alter, Morphotypen, Reaktionstypen = Nerventypen im Sinne von Pawlow)
- Differenzen im Verhalten gegenüber Ökosystemen
- Differenzen im Verhalten gegenüber Artgenossen.

Tabelle 2

Haltungstechnisch-technologisches Element	tierseitige Interaktionsparameter Umweltansprüche	Verhalten
Futterqualität und -menge	Stoffwechselansprüche	Nahrungsverhalten sensorische Kontrolle Nahrungsaufnahme/Tag, Verzehrsmenge
Darbietungsform: — ad libitum — restriktiv	Zeitansprüche (stoffwechselbezogen)	Nahrungsaufnahme-Rhythmik, Nahrungsaufnahmezeit/Tag biosoziale Zeitgeber
Zeitprogramm bei restriktiver Fütterung	Zeitansprüche	Nahrungsaufnahme-Rhythmik, Verzehrsgeschwindigkeit, Verzehrsmenge/Futterzeit
Freßplatz	Raumansprüche 1.—3. Ordnung	Körperausmaße, Bewegungsmuster bei Nahrungsaufnahme, Individualdistanz, Rangordnung in Gruppe
Futterverteilungs-Technik	Schutzansprüche	Fluchtmotivation, „Schreckreaktionen", Belastung mit Veränderung von emotionalem Status und des Aktivierungsniveaus, Signalwirkung als bedingter Reiz
Tier-Freßplatz-Verhältnis	Biosozialansprüche Zeitansprüche Raumansprüche	Biosozialverhalten, Rangordnung (Dominanzwert), biosoziale Synchronisation, Nahrungsaufnahmerhythmik, Nahrungsaufnahmezeit/Tag, Phasenverschiebungen

Wieder kann hinzukommen, was beim Menschen eine eigene Qualität erfährt: Differenzen im Verhalten gegenüber „Traditionen", im weitesten Sinne damit auch im Lernverhalten. Unter solchen Voraussetzungen können „Traditionen" als Weitergabe individueller Erfahrungen eine neue Valenz erhalten, doch möchten wir den in manchen Richtungen der modernen Ethologie sich einbürgernden Begriff des „kulturellen Verhaltens" bei Tieren hier nicht verwenden. Gleichwohl ist es legitim, im Vorfeld der Menschwerdung diese Zusammenhänge auf ihre evolutive Valenz hin zu überprüfen, denn mit ihnen setzt ein verändertes Selektionsgefüge ein, in dem die individuell erworbene Erfahrung einen neuen Stellenwert erlangt; hat sie ihn, ist die Schwelle zum Menschen hin überschritten, und die biologische Evolution wird von einer parabiologischen abgelöst, in der sie in veränderter Form aufgehoben ist.

Doch wir kehren nochmals zu den Universalien des tierischen Verhaltens zurück, die wie hier abzuleiten versuchen. Dazu gehört — und wieder in Kohärenz mit den hier vorgestellten Funktionalen — der Prozeß der Umsetzung motivierten Verhaltens als Interaktion mit der Umwelt auf der Grundlage spezieller Modalitäten und Qualitäten der bereits genannten Umweltansprüche. Hierzu haben wir ein „Drei-Phasen-Modell" entwickelt, dessen heuristischer Wert in unserer Forschungspraxis bereits ausgewiesen ist (Abb. 3):

— Das Kontaktfeld wird durch das beendende Verhalten, von Craig als Endhandlung bezeichnet, charakterisiert. Das Verhalten ist gegeben, gesucht ist die passende Informationen, die über „Kennreize" vermittelt wird. Für eine Seidenraupe sind das Beta-Sitosterin nebst dem Isoquercetin „Beißfaktoren", während die Zellulose als „Schluckfaktor" agiert.

— Das Nahfeld, gegeben bei Identifikation von Ziel- oder Funktionsobjekten des motivierten Verhaltens sowie durch richtende Reize; Informationen und Verhalten sind gegeben, Alternativen sind zu entscheiden.

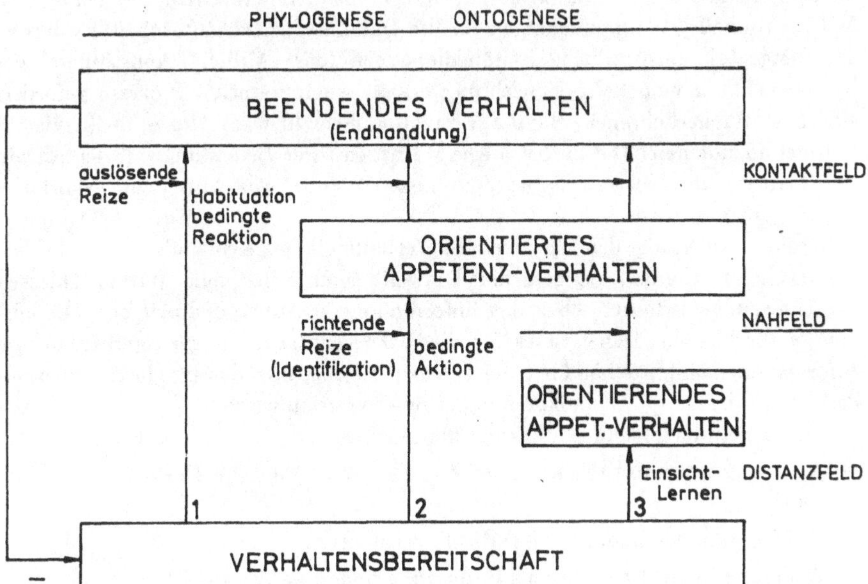

Abb. 3 Strukturbild zur Darstellung des „Drei-Phasen-Modells" des motivierten Verhaltens, wobei Verhaltensbereitschaft und Motivation gleichsinnig verwendet werden (Einzelheiten im Text)

— Das Distanzfeld; gegeben sind Informationen, gesucht ist das Verhalten. Es liegen jedoch noch keine aktuellen Informationen über das („bekannte") Ziel- oder Funktionsobjekt vor, der Organismus befindet sich in der Suchphase, sein Informationspool ermöglicht und begrenzt die Suchstrategien.

Mit diesen drei Ereignisfeldern des Verhaltens verbinden sich daher: (1) geringe Ungewißheit (Kontaktfeld), (2) begrenzte Ungewißheit (Nahfeld) und (3) hohe Ungewißheit (Distanzfeld). Im Distanzfeld gewinnt damit der Informationspool einer Population oder Gruppe eine hohe Valenz. In dieser Darstellung sind wir dem evolutiven Aufbau der Ereignisfelder des motivierten Verhaltens gefolgt; ist dieses voll ausgebildet, dann verläuft es in seiner Aktualgenese natürlich in der inversen Sequenz: (a) Suchen, (b) Finden und Entscheiden, (c) Vollziehen (Ausführen, Beenden). Das bedeutet zwei Optimierungsphasen und eine Bewertungsphase, die durch den Grad der negativen Rückkopplung auf die Motivation gegeben ist. Wir halten es für möglich, daß Interiorisierung des Verhaltens als „Denken" mit diesem Modell im Evolutionsprozeß unter bestimmten Prämissen abbilden zu können. „Kreative" Prozesse leiten sich in diesem Zusammenhang aus der Integration auseinanderliegender Elemente, die den verschiedenen Ereignisfeldern angehören, ab. Da wir dem Prinzip der „Randbedingungen" im aktuellen Verhaltensvollzug eine hohe Bedeutung zumessen, ergeben sich aus unserem Modell hierzu spezielle Folgerungen: Beim Vollzug des beendenden Verhaltens, also im Kontakt mit dem Funktionsobjekt und damit im Kontaktfeld, stellt das Nahfeld funktionelle Randbedingungen für die Qualität der „Orientiertheit", während das Distanzfeld unspezifische Randbedingungen (das „Milieu") konstituiert, was besonders dann eine hohe Gewichtung erhält, wenn iterative Prozesse gefordert sind oder Wiederholungen, ehe die Motivation gelöscht wird. Um es im (trivialen) Beispiel anzudeuten: Die Suchstrategie wächst in ihrer Bedeutung mit der Anzahl der Beuteobjekte, die verzehrt werden müssen, ehe die Motivation zum Nahrungserwerb gehemmt wird.

In diese Ableitung der das tierische Verhalten kennzeichnenden Interaktionsparameter im Kontext „Organismus-Umwelt" sind prinzipielle Wirkungsklassen der Umwelteigenschaften über ihre informationelle Nutzung durch den Organismus eingeschlossen. Dabei ist es für diese Betrachtungsweise gleichgültig, ob die Informationen unmittelbar über die Umwelt gebildet oder bereits durch einen anderen Organismus — also biokommunikativ — wirksam werden.

Wir nennen die folgenden Wirkungsklassen:

- Änderung im motorischen Status, Zu- oder Abnahme von Bewegungen (Kinesen)
- Änderung in der Raumlage der Richtungsänderung (Taxis)
- Änderung in der Raumlage als Entfernungsänderung (Elasis)
- Änderung in der Zeitlage als Phasenwinkeländerung (zu einem Zeitgeber)
- Änderung in der Zeitlage als Änderung der Zeitdauer für ein Verhaltensereignis

– Änderung im aktuellen Verhaltenstatus über diskrete Verhaltenseinheiten: Releaser-Effekt
– Änderungen im latenten Verhaltensstatus über interne „Umstimmung“: Primer-Effekt.

Überlagerungen zwischen mehreren Effekten erhöhen den Komplexgrad des Wirkungsspektrums; so bedeutet eine Veränderung des kinetischen Status sowie ein Releaser-Effekt, daß die Intensität eines diskreten Verhaltens modifiziert werden kann. Diese Wirkungsklassen werden mitbestimmt im Spektrum ihrer Um-

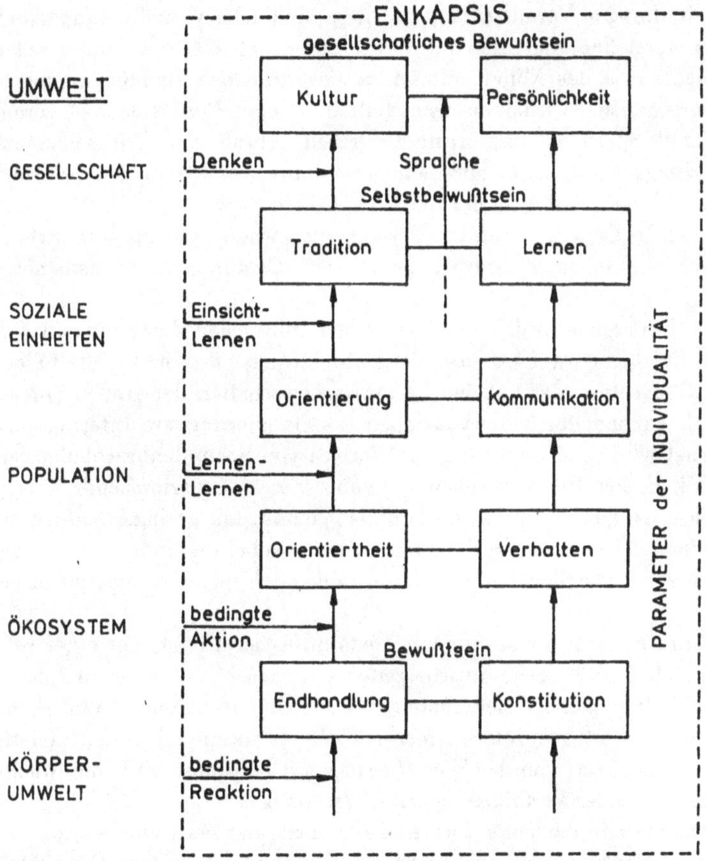

Abb. 4 Schematische Darstellung der Entwicklung von Interaktionsdominanten in den verschiedenen Kontextformen der Umweltbeziehungen. Dabei sind zugleich Stufen der Individualitäts-Entwicklung eingesetzt, wobei insgesamt eine Enkapsis gegeben ist, die in veränderter Form die jeweils früheren Stufen einschließt. Die zugeordneten Lerntypen sind nur beispielhaft ausgewiesen, es gibt jeweils weitere Sonderformen entsprechender Funktionsebene. Die Darstellung hat den Charakter einer Hypothese, die aus dem Grundkonzept vom Wirkungsgefüge des Verhaltens abgeleitet ist

setzung durch die konstitutionellen, energetischen und informationellen Eigenschaften der jeweiligen Lebewesen. Dabei liefern die biosozialen Einheiten eine neue Qualität der Interaktionsgefüge mit der Umwelt mit einem eigenen Anpassungswert im Evolutionsprozeß. Hier werden die Individuationsstufen verhaltensrelevant (Tembrock 1982): Einzeller, Mehrzeller, Biosozialeinheit (als „Superorganismus"), in der Anthropogenese durch das individuelle und schließlich das gesellschaftliche Bewußtsein in eine parabiologische Evolution überführt, wobei die Abstufungen der Individualität bis zur Persönlichkeit hin ins Spiel kommen (Abb. 4.). Diesem Entwicklungsprozeß lassen sich auch die elementaren Lernmechanismen zuordnen, die eine Voraussetzung für die individuelle Verhaltensanpassung an die Umwelt darstellen, bezogen auf das Funktionsobjekt, die funktionellen Randbedingungen sowie das Milieu mit seinen unspezifischen Randbedingungen. Lernen setzt vorgegebene Verhaltenseigenschaften — ein „Vorwissen" — voraus und schließt damit Speichern und Erinnern (recall, Abruf) ein. Wir sehen aus evolutionsbiologischer Sicht daher auch eine bestimmte Abfolge in den Speicherformen, die auch „Gedächtnis" genannt werden:

1. Überindividuelles Dauergedächtnis (Permanentspeicher) als die im Erbgut fixierte arttypische „Erfahrung", die auf genetischen Evolutionsmechanismen basiert.
2. Individuelles Dauergedächtnis, das über einen minimalen Lernaufwand (oft auch einmaliger Erfahrung) auf Lebens- oder Anforderungszeit seine Inhalte fixiert.
3. Sensorisches Gedächtnis, das mit den Leistungseigenschaften der großen Sinnesorgane verknüpft ist und durch die von ihnen jeweils übertragbare Informationskapazität begrenzt wird. Die Dauer liegt im Bereich von Sekundenbruchteilen, als Abbild des physikalischen Reizes gegeben und von selbst wieder erlöschend.
4. Kurzzeitgedächtnis, auch primäres Gedächtnis genannt, mit geringer Aufnahmefähigkeit und einer Fixierdauer im Sekundenbereich, wobei der Inhalt zeitlich geordnet ist, einen sehr schnellen Zugriff erlaubt und durch neue Informationen gelöscht wird.
5. Langzeitgedächtnis, auch als sekundäres Gedächtnis bezeichnet, mit einer sehr großen Aufnahmekapazität sowie Speicherzeiten zwischen Minuten bis zu Jahren. Hier erfolgt der Aufbau durch Wiederholung, es hat eine an zeitlichen und räumlichen Parametern orientierte interne hierarchische Struktur mit einem relativ langsamen Zugriff, der auch von der Hierachiestufe mit bestimmt wird; die Inhalte können durch Störung oder Verdrängung gelöscht werden.

Natürlich steht auch hinter einer solchen Differenzierung noch eine starke Vereinfachung; sie scheint aber nach dem heutigen Wissensstand gewisse Grundklassen der Speicherung einigermaßen adäquat zu repräsentieren. Mit der dritten bis fünften Stufe werden drei „sensorische Ereignisfelder" aufgebaut, in denen wir unser Grundkonzept wiedererkennen: Das sensorische Gedächtnis repräsentiert das sensorische Kontaktfeld als physikalische Äquivalenz der Informationsquelle, das Kurzzeitgedächtnis baut ein sensorisches Nahfeld auf, dem eine Orientiertheit über das aktuelle Reizangebot zugrundeliegt, während das Langzeitgedächtnis den

Informationsspeicher von Ort und Zeit ablöst und damit ein sensorisches Distanzfeld konstituiert. Hier darf noch einmal an einen bereits oben gegebenen Hinweis auf Phänomene der Kreativität in Sinne innovativer informationeller Zustände im System erinnert werden, der jetzt erweitert werden kann: Interaktionen zwischen diesen verschiedenen sensorischen Repräsentanzen der Außenwelt können unvermittelt zu neuen Zustandsformen der Gedächtnisstrukturen führen. So kann vielleicht der Anblick einer bestimmten Raumstruktur oder geometrischen Ordnung, repräsentiert im sensorischen Gedächtnis für Sekundenbruchteile, einer hierarchisch im Langzeitgedächtnis fixierten Struktur einen neuen „Sinnbezug“ vermitteln, wobei die wahrgenommene Raumfigur semantisch einem anderen Kontext angehört, aber eine neue „Gestalt“ bestimmter, gerade aktivierter Gedächtnisinhalte im Langzeitspeicher anregt. Diese sich im Grenzbereich der Verhaltensbiologie bewegende Betrachtung möge andeuten, daß von bestimmten aus verhaltensbiologischen Befunden erhobene in Modellstrukturen überführte Abstraktionen Anregungen über die Disziplingrenzen hinaus ausgehen können. Nimmt man in unserer Überlegung hinzu, daß in jedem der Ereignisfelder des Verhaltens bestimmte Lerndispositionen dominieren, vertieft sich diese Aussage nochmals:

- Kontakfeld: Unmittelbare Beziehung zum Verhaltensobjekt, auslösende Reize sind gegeben; typische Lernformen sind hier die Habituation (Gewöhnen, Abgewöhnen) sowie die bedingte Aktion (bedingter Reflex)
- Nahfeld: orientierende Reize sind gegeben, das Verhaltensobjekt ist identifiziert; hier dominiert das Lernen am Erfolg, auch als instrumentelles oder operantes Lernen bezeichnet; es steht in engem Zusammenhang mit dem Hypothesenlernen
- Distanzfeld: orientierende Reize werden gesucht; hier ist ein Ausbau der Lernfähigkeit gefordert (Lernen—Lernen, learning sets), latentes Lernen und Einsichtslernen stehen im Vordergrund.

Dabei bilden diese Lern-Ebenen wieder eine Enkapsis. Wir sollten noch darauf verweisen, daß es uns im Sinne der Anpassungs-Strategien mittels Lernen Zweckmäßig erscheint, zwei Grundtypen zu unterscheiden:

1. Obligatorisches Lernen: Es ist „fremdmotiviert“, beruht also auf einem vorgegebenen Umweltanspruch, einer spezifischen Verhaltensbereitschaft, deren vollständig umweltangepaßte Umsetzung diesen Lernvorgang erfordert und zwar als
   - permanentes obligatorisches Lernen, das irreversibel ist, wie das für bestimmte „Prägungs“-Vorgänge gilt; beim Menschen darf man den Erwerb der Muttersprache hierher rechnen
   - temporäres obligatorisches Lernen, das auf einen bestimmten Lebensabschnitt beschränkt bleibt, wie die „Prägung“ eines Jungtieres auf ein bestimmtes individuelles Muttertier
   - periodisches obligatorisches Lernen, bei dem sich solche zeitgebundenen verhaltensnotwendigen Lernvorgänge periodisch wiederholen, wie bei mehrjährigen Tierarten etwa die „Einprägung“ eines jeweiligen Nistortes.
2. Fakultatives Lernen: Es ist „eigenmotiviert“, aber nicht kontextfrei. Es wird

durch allgemeine Intentionen bestimmt, sich in Raum und Zeit zu orientieren, Umgebungsbedingungen oder -ereignisse zu erkennen (zu identifizieren) und bereits vorhandener Erfahrung zuzuordnen und damit gegebenenfalls auch zu „klassifizieren“. Er beruht auf „Interessen“, nicht auf Notwendigkeiten. Für diese Interessen bestehen Vorgaben, und diese können sein (a) körperbezogen, (b) auf das Ökosystem bezogen, (c) gruppenbezogen und (gegebenenfalls d) traditionsbezogen; gerade im letzten Fall gewinnen sie jene Dimension, die Lernen zum „Selbstzweck“ werden läßt, ein Vorgang der die Menschwerdung kennzeichnet und mit dem Aufbau des Selbstbewußtseins koinzidiert.

Daraus leiten sich auf der biologischen Ebene bereits zwei biosoziale Verhaltensanpassungen über Lernvorgänge ab:
— obligatorisch tradiertes Verhalten
— fakultativ tradiertes Verhalten.

Im ersten Fall muß nach einem „Vorbild“ gelernt werden, um arteigenes Verhalten umweltangepaßt ausführen zu können, wie das für viele Vogelgesänge nachgewiesen ist. Im zweiten Fall kann etwas Neues als echte „Innovation“ in das Verhalten einer Population eingebaut werden, wie das vielzitierte Waschen der Süßkartoffeln bei einer japanischen Inselpopulation von Makaken, von Kawai (1975) als „präkulturelles Verhalten“ bezeichnet; wir haben oben bereits gewisse Bedenken gegenüber solchen Ausdrucksweisen angemeldet.

Mit diesem Exkurs zum Thema „Lernen“ sollte gezeigt werden, wie wir auch dieses Elementarphänomen organismischer Umwelt-Interaktionen in unsere Gesamttheorie des Verhaltens ohne zusätzliche Annahmen einbeziehen können.

III

Das hier im groben Umriß entworfene Bild über die wesentlichen Parameter der Verhaltensinteraktionen der Organismen mit ihrer Umwelt gestattet in unserer Gesellschaft eine vielfältige Wechselwirkung zwischen Theorie und Praxis, in der zugleich bestimmte Entwicklungstendenzen erkennbar werden, die auf neue Qualitäten dieser Wechselwirkungen verweisen. Im folgenden sollen dazu Beispiele vorgestellt werden, die einige Forschungsansätze des Bereichs Verhaltenswissenschaften an der Sektion Biologie der Humboldt-Universität repräsentieren.

Zu den elementaren Eigenschaften der Verhaltensabläufe gehört ihre zeitliche Ordnung. Sie ist ein Kriterium von hoher bioindikatorischer Valenz, weil sie sehr empfindlich auf Änderungen im Umweltgefüge anspricht, die über die Toleranzbereiche der entsprechenden Anpassungswerte hinausgehen. So zeigt die Schwimmaktivität von Silberkarpfen eine signifikante Änderung der Zeitmuster in Abhängigkeit vom Salzgehalt des Mediums (Zabka 1981). Für das Tagesmuster (circadiane Muster) ist der Hell-Dunkel-Wechsel der Zeitgeber. Bei zunehmendem Salzgehalt schwächt sich diese Zeitgeberwirkung signifikant ab, während gleichzeitig der Licht-Aus-Effekt signifikant steigt. Die untersuchten Fische waren tagaktiv; sie wurden bei einem Salzgehalt von 12% dunkelaktiv (Abb. 5). Die Schwimmaktivität dieser Fische zeigte unter den speziellen Haltungsbedingungen im Zusammenhang mit der zeitlich restriktiven Fütterung drei Verhaltensmuster, die

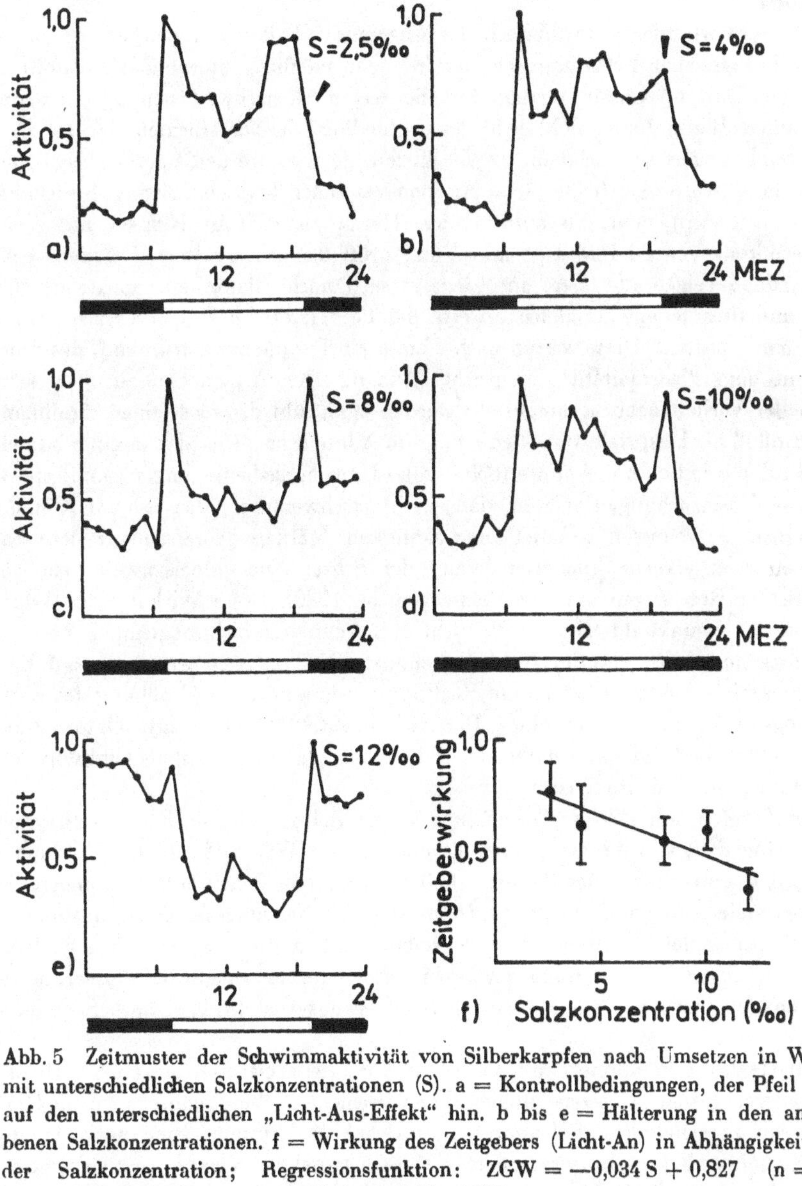

Abb. 5 Zeitmuster der Schwimmaktivität von Silberkarpfen nach Umsetzen in Wasser mit unterschiedlichen Salzkonzentrationen (S). a = Kontrollbedingungen, der Pfeil weist auf den unterschiedlichen „Licht-Aus-Effekt" hin. b bis e = Hälterung in den angegebenen Salzkonzentrationen. f = Wirkung des Zeitgebers (Licht-An) in Abhängigkeit von der Salzkonzentration; Regressionsfunktion: ZGW = —0,034 S + 0,827 (n = 37), r = —0,664 (signifikant, p = 0,01) (nach Zabka 1981)

sich mit den drei Phasen des motivierten Verhaltens in Beziehung setzen lassen: Das „Kreisen“ der im Schwarm sich bewegenden Fische als orientierendes Appetenzverhalten, die „Wirbel“ in der Futterzone als orientiertes Appetenzverhalten, dem sich dann das Aufnehmen des Futters als beendendes Verhalten anschloß.

Während wir hier ausschließlich das Ausgangsverhalten untersuchen, ist es bei rückwirkungsarmer Erfassung der Herzfrequenz möglich, interne Zustandsformen (also den Zustandsvektor) abzugreifen. So zeigen Meerschweinchen in einem unbekannten Raum (open field test) unterschiedliche Verlaufsformen der Herzfrequenzänderungen, je nachdem, ob sie einzeln getestet werden oder während der Versuche durch eine Scheibe einen Artgenossen sehen können (Bilsing, Schicknick 1978). Unterteilt man die auftretenden Herzfrequenzen in Klassen mit einer Klassenbreite von 20 Impulsen min^{-1} und prüft das so erhaltene Frequenzspektrum, dann zeigen die Tiere im Einzelversuch nach 30 min ein Spektrum, das sich statistisch jenem als gleich erweist, das bei Tieren im Zweierversuch bereits nach 3 min auftritt. Diese weisen nach 30 min ein Frequenzspektrum auf, das weitgehend dem „Normalbild“ entspricht (Abb. 6). Der Artgenosse, zu dem kein spezieller Verhaltensbezug hergestellt werden kann, übt demnach einen signifikanten Einfluß als biosoziale Randbedingung im Nahfeld aus, was sich in einer schnelleren Adaptation an unbekannte (belastende) Umgebungsbedingungen manifestiert. Weitere Untersuchungen zeigten, daß ein Meerschweinchen, das sich im Kontakt mit einem Artgenossen befindet, eine signifikant stärkere Herzfrequenz-Dezeleration aufweist als ein Einzeltier, wenn der Schrei eines Meerschweinchens als akustischer Reiz angeboten wird (Bilsing et al. 1980). Diese Wirkung des Artgenossen im Kontaktfeld tritt jedoch nicht auf, wenn nur Sichtmöglichkeit besteht, der Artgenosse sich also im Nahfeld befindet. Die Versuche weisen darauf hin, daß biosoziale Faktoren bestimmte Reaktionen während einer Erhöhung des Aktivierungsniveaus im Sinne einer Bereitschaftsaktivität oder auch Optimierung systematisch beeinflussen können, ein Phänomen, das in der Intensivhaltung von Nutztieren von Bedeutung ist.

Bei Karpfen läßt sich eine Anpassung an ein Zeit-restriktives Fütterungsregime in Abhängigkeit von der Gruppengröße nachweisen (Warthold 1981). Abbildung 7 zeigt, daß unter gegebenen Haltungsbedingungen eine bestimmte Gruppengröße die optimale Anpassung an dieses Zeitmuster des Nahrungsangebotes ausbildete. Bei Ableitung der Herzfrequenz vom freibeweglichen Fisch lassen sich auch Hinweise auf die Futterbewertung gewinnen, die eine unterschiedliche Dezelerationsrate bei Angebot von Pellets oder Schabefleisch ausweist (Abb. 8, nach Siegmund 1981).

Die Herzrate, kombiniert mit speziellen Verhaltensverläufen gestattet auch bei Säugetieren gezielte Untersuchungen über verschiedene Randbedingungen im Hinblick auf ihre mögliche Belastungswirkung auf das System. Eine hohe Trennschärfe bei der Erfassung verschiedener Wirkungsspektren von Umweltparametern läßt sich im open-field-test gewinnen, bei dem das Versuchstier in einen umwande-

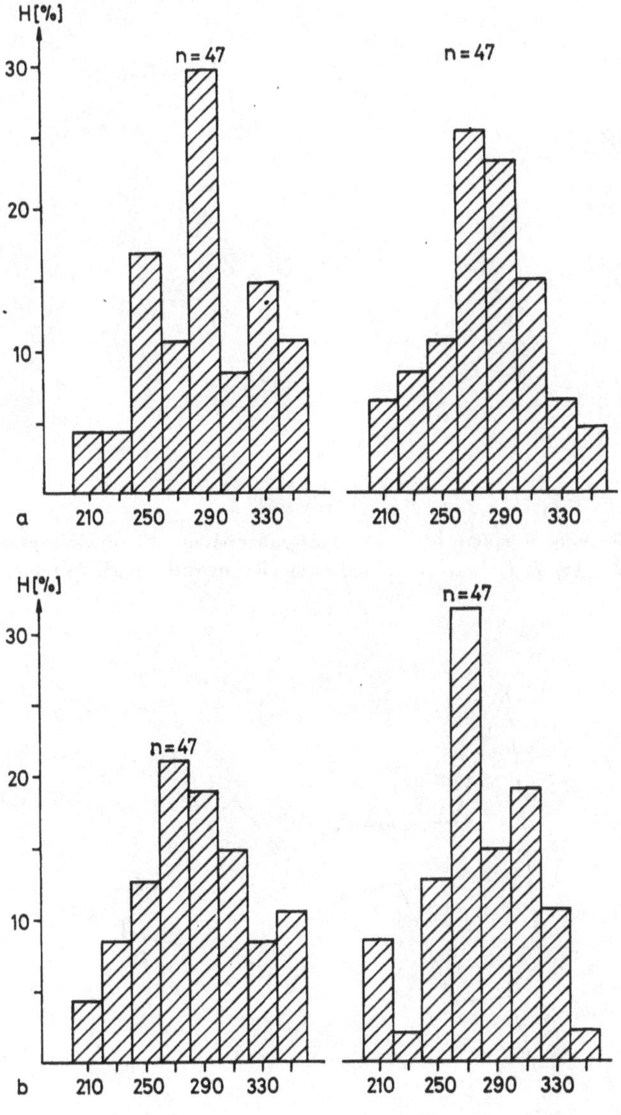

Abb. 6 (a) Spektrum der Herzfrequenz von Meerschweinchen, die einzeln in ein open field eingesetzt wurden, nach 3 Minuten (links) und nach 30 Minuten (rechts) Eingewöhnungszeit in der neuen Umgebung. Abszisse: Herzfrequenzklassen; Klassenbreite 20 Impulse min^{-1}. Ordinate: Prozentuale Häufigkeiten der beobachteten Herzfrequenzen in den einzelnen Herzfrequenzklassen. b) Spektrum der Herzfrequenzen bei entsprechender Versuchsanordnung, jedoch bei Sichtkontakt mit einem Artgenossen (nach Bilsing u. Schicknick 1978)

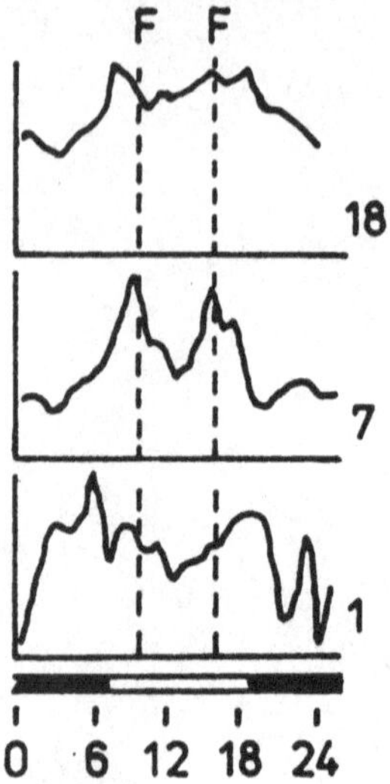

Abb. 7 Schwimmaktivität von Karpfen bei zwei Fütterungszeiten (F) sowie unterschiedlicher Gruppengröße (18, 7, 1) und gleichbleibender Raumgröße (nach Warthold 1981)

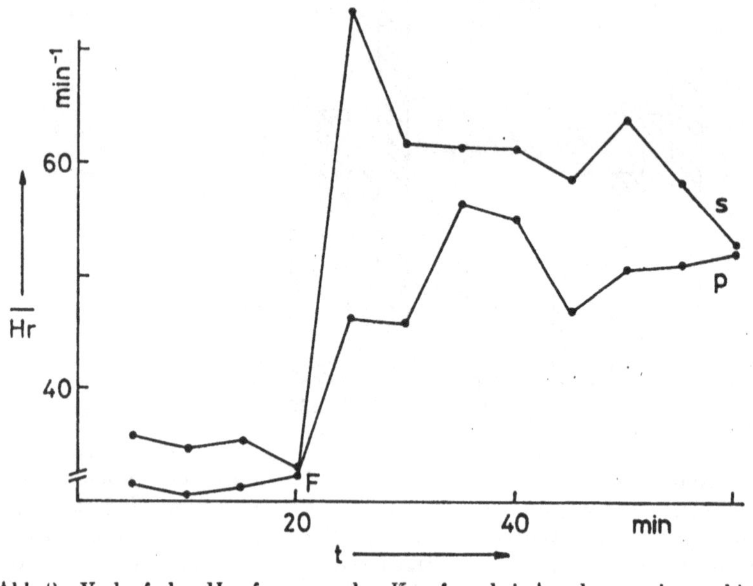

Abb. 8 Verlauf der Herzfrequenz des Karpfens bei Angebot zwei verschiedener Futtersorten, die sonst wechselnd verabreicht werden (nach Siegmund 1981). F = Fütterung; P = Pellet; S = Schabefleisch [7 Fische, n = 36]

ten unbekannten Raum eingesetzt wird, wenn nicht nur die diskreten Verhaltensereignisse (Ethogramm), sondern auch die Raumverteilung (Topogramm) und die Zeitstruktur (Chronogramm) erfaßt werden. Dabei ergeben sich für das Topogramm drei Raum-Qualitäten, die typische Eigenvalenzen aufweisen: Eckfelder, Randfelder und Innenfelder. Die Kombination der Verfahren liefert das Ethotopochronogramm. Bei Meerschweinchen wurde eine Korrelation zwischen der Herzfrequenz sowie Verhaltensparametern und der Raumgröße in der ersten Phase nach dem Einsetzen in das open field nachgewiesen (Schneider 1981). Aber auch Rand-

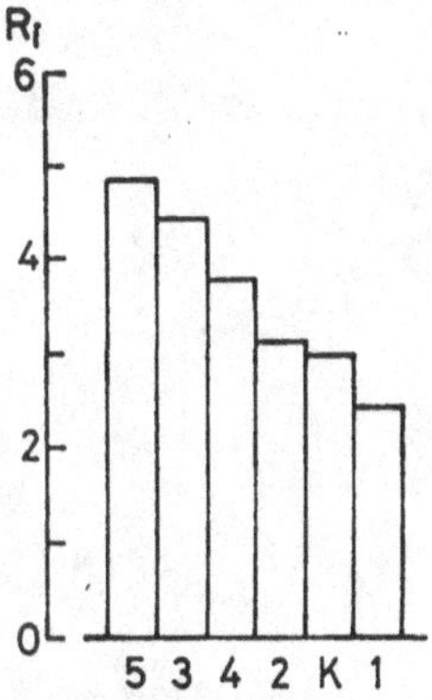

Abb. 9 Vergleich der mittleren Herzfrequenz von Meerschweinchen für die ersten 5 Minuten des open field-Aufenthaltes. Die höchste Gesamtrate der Herzfrequenz erhielt innerhalb jedes Blockes die Rangzahl 6. R_i ist das Rangmittel über alle Blocks. K = Kontrolle (Normal-Haltungskäfig); 1–5 = zunehmende Größenklassen mit 1 = 0,062 m^2; 2 = 0,125 m^2; 3 = 0,25 m^2; 4 = 0,5 m^2; 5 = 1 m^2 (nach Schneider 1981)

bedingungen schlagen sich in den Parametern nieder, so Größe, kombiniert mit „Hell“ oder „Dunkel“. Der Größeneinfluß kann auch über eine Sequenzanalyse des Verhaltens nachgewiesen werden, vorgenommen mittels Auftrittshäufigkeiten sowie Übergangswahrscheinlichkeiten diskreter Verhaltensereignisse.

Damit sind aktuelle Fragen der Tierproduktion angesprochen, die eine weitere Vertiefung des theoretischen Hintergrundes erfordern. So zeigen kürzlich in Kooperation mit der Karls-Universität in Prag durchgeführte Untersuchungen von Frau Dr. Siegmund an Spitzmäusen (*Crocidura*), daß deren tägliches Bewegungsmuster eine ausgeprägte endogene Komponente aufweist, die einen typischen Tagesgang der Motorik determiniert. Nach operativer Entfernung der Augen (Enukleation) ergibt sich ein prägnanter freilaufender Rhythmus, der mit dem Hell-Dunkel-Wechsel nicht mehr synchronisiert ist und eine mittlere Periodendauer von ~ 23 Stunden hat (Abb. 10). Bei Fischen (Karpfen) zeigen Herzfrequenz und Schwimmaktivität ein ausgeprägtes circadianes Muster und sind zugleich hochgradig positiv korreliert; diese Korrelation verringert sich jedoch signifikant, wenn die Fische keine Nahrung aufnehmen. Wenn die Außentemperatur von 20 °C auf 15 °C gesenkt wird, fällt die Herzfrequenz um 30%, und die Schwimmaktivität sinkt um 50%. Darüberhinaus zeigt die Herzfrequenz einen Jahresrhythmus, der zusätzlich von der Außentemperatur moduliert, jedoch nicht grundsätzlich ver-

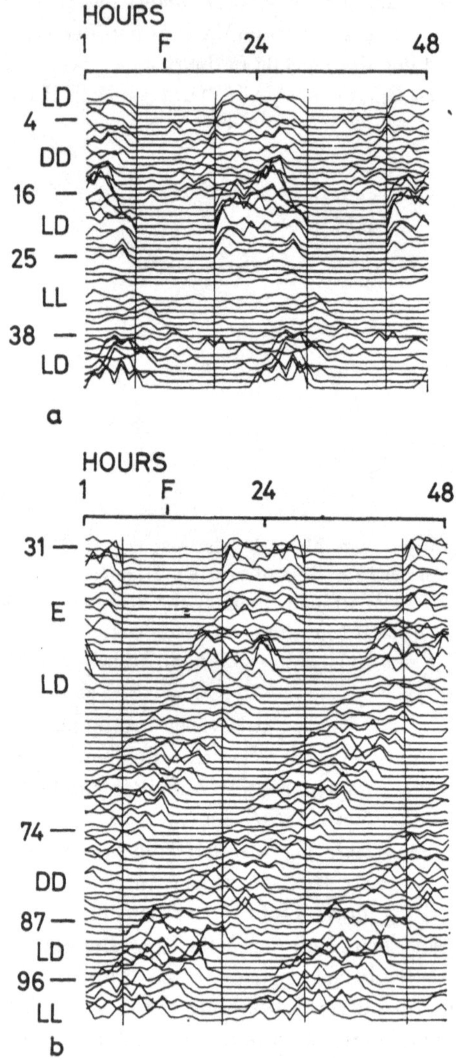

Abb. 10 Originalregistrierungen (Computer-Ausdruck) der Bewegungsaktivität von Gartenspitzmäusen (*Crocidura suaveolens*). a) Normaltier mit unterschiedlichen Licht-Regimen: LD (Licht-Dunkel), LL (Dauerlicht, kein Muster), DD (Dauerdunkel, „freilaufender Rhythmus"). b) Versuchstiere nach Blendung (Enukleation = E): Freilaufender Rhythmus mit einer Periodendauer von etwa 23 h (unveröffentlicht Siegmund)

ändert wird. Dieser Zusammenhang kann durch einen allgemeinen Ausdruck beschrieben werden, der die Berechnung der mittleren Herzfrequenz bei einer bestimmten Temperatur zu der jeweiligen Jahreszeit zuläßt (Siegmund/Vogel 1977, 1981). Zusätzlich wirkt sich auch die Gruppenhaltung auf die Herzfrequenz aus. Karpfen in Gruppe gehalten haben (im März) mit 42,3 min^{-1} eine signifikant höhere Herzfrequenz als Einzeltiere (34,8 min^{-1}) (Siegmund 1981).

Der Gruppeneinfluß läßt sich auch für bestimmte Verhaltensleistungen nachweisen. So zeigen Mäuse beim Labyrinthlernen signifikant bessere Leistungen, wenn sie in einer (stabilen) Gruppe von 5 Tieren gehalten werden gegenüber solchen, die einer (instabilen) Gruppe von 11 Tieren entstammen (Robel 1981). Abbildung 11 zeigt die Stabilisierung einer Gruppe von 7 Meerschweinchen-♂ im Ver-

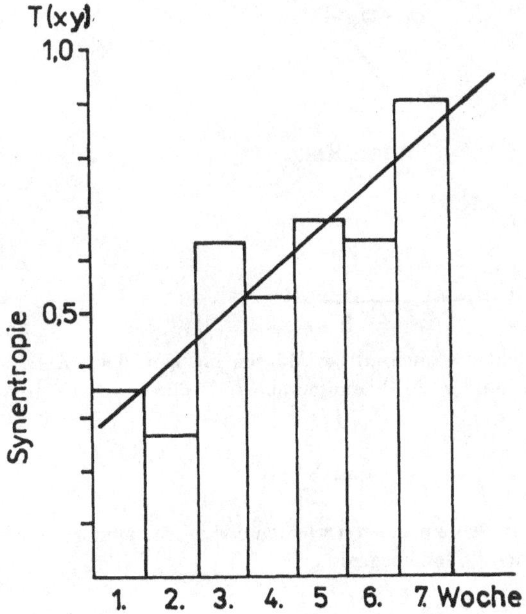

Abb. 11 Angriffsverhalten von neu zusammengesetzten Meerschweinchen-Männchen in den ersten 7 Wochen. Berechnung der Synentropie. Regressionsfunktion: $y = 0{,}23 + 0{,}09\,x$; $r^2 = 0{,}77$ (nach Daten von P. Büschelberger)

lauf von 7 Wochen auf Grund der Erfassung agonistischer Verhaltenselemente, gemessen über die Synentropie. Auf den heuristischen Wert der Analyse von Sequenzstrukturen haben wir bereits verwiesen. Solchen Ansätzen kommt in der Ethometrie eine hohe Valenz zu. Hier können Strukturmaße (Tembrock 1980) oder graphentheoretische Verfahren den Einfluß von Umweltfaktoren auf das Verhalten nachweisen. Damit — wie in der Anteilanalyse eines Fourier-Spektrums von Chronogrammen (Zabka 1981: Silberkarpfen) — liegen empfindliche Indikatoren vor, die sich in der Praxis bereits bewährt haben (vgl. Scheibe 1982). Abbildung 12 zeigt ein Beispiel für den Nachweis einer Änderung der Verhaltensstruktur einer Maus nach Reizeinwirkung (10 Verhaltens-Einheiten wurden zugrundegelegt) im open field (vgl. Tembrock 1982). Der Forschungsstand mit ausgearbeiteten theoretischen Grundlagen erlaubt es auch, bei aktuellen Anforderungen der Praxis wirksam zu werden. So wurde im Jahre 1981 in einer Entenmastanlage durch akustische Scheuchverfahren ein Nutzen von 450 000 M erzielt, da Kolkraben, die erhebliche Bestände der Entenkücken vernichteten, von der Zuchtanstalt ferngehalten werden konnten.

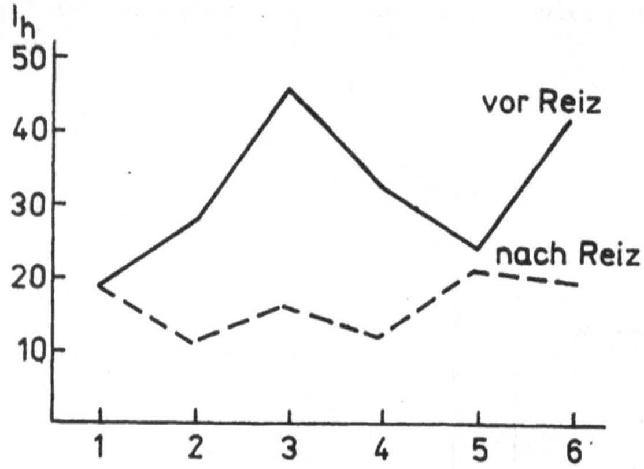

Abb. 12 Strukturmetrik für Verhaltenssequenzen bei Mäusen im open field. Abszisse: 6 aufeinanderfolgende Einheiten mit je 20 Verhaltensakten. Ordinate: Strukturmaß nach der Formel:

$$I_h = N: \left[\sum_{i=1}^{k} \frac{1}{f_i} \left(\sum_{i=1}^{l} \frac{hij^2}{nj}\right) - 1\right) \text{mit } f_i = \sum_{i=1}^{l} hij.$$

Die Übergangshäufigkeiten zwischen den einzelnen Verhaltensereignissen sind als Matrix zusammengestellt. Das Maß bewertet die Inhomogenität.

IV

Die hier im Umriß vorgestellte Struktur der Verhaltensbiologie weist vielfältige Verflechtungen mit anderen Wissenschaften auf und kann auch als Beitrag zur Einheit der Wissenschaften in unserer Gesellschaft dienen. Wir sind im Gespräch mit Psychologen, Philosophen, Gesellschaftswissenschaftlern, Medizinern oder auch Musikwissenschaftlern; wir sind gefordert, zu biologischen und reduktionistischen Ansätzen Stellung zu beziehen, die auch zur Manipulation öffentlicher Meinungen verwendet werden. Wir haben unsere Erfahrungen in die Schulen einzubringen, denn sie können helfen, elementare Lebenserscheinungen in einem tieferen Sinne verständlich zu machen, da das Feld unserer Forschung im Bereich unmittelbarer Anschauung liegt und sich daher besonders leicht mit vermenschlichenden und rein emotionalen Elementen verbindet. In der Schule sehen wir unsere Aufgabe als Bindeglied zwischen dem Naturbereich der Bildungsinhalte sowie den Humanwissenschaften

- durch Vermittlung eines adäquaten Menschenbildes, das Biologismen und Reduktionismen durch Sachargumente überwinden hilft
- durch Nutzung der Motivationen, die von jenen wohl stärksten Naturerlebnissen getragen werden, die sich mit dem Phänomen „Verhalten" verbinden
- durch Vermittlung eines wissenschaftlichen Evolutionskonzeptes, entsprechend dem hohen Rang, der dem Verhalten im Evolutionsprozeß zuzusprechen ist
- durch Einsicht in Organismus-Umwelt-Beziehungen, die das Verständnis der Lebensvorgänge sowie ein „ökologisches Denken" fördern kann
- durch Vermittlung der Beziehungen zu anderen Disziplinen in den Natur- und Humanwissenschaften
- durch ethisch-erzieherische Valenzen im Umgang mit Tieren
- durch Schulung der Beobachtung im Sinne des Erkennens von Phänomenen, des Ordnens der auf diesem Wege erworbenen Kenntnisse und des Ableitens von Gesetzmäßigkeiten
- durch Einsichten in die vielfältigen Nutzungsvalenzen der Verhaltensforschung in der gesellschaftlichen Praxis.

In der unmittelbaren Anschauung bieten sich Lebewesen als Subjekte dar, und in allen unseren Lebensäußerungen und Entscheidungen schwingen Funktionen unserer biologischen Existenz mit. So kann auch in der Lehre verdeutlicht werden, daß naturwissenschaftliches Wissen für den Menschen da ist, daß auch abstrakte Mathematik wie die Kenntnis chemischer Formeln oder physikalischer Gesetze in diesem Kontext ihre zwingende Begründung erfahren. Der Mensch ist immer der gemeinsame Grund für alle Bildung, und wenn sie sich naturwissenschaftlich fest konsolidiert, wird sie auch dazu beitragen, daß kein „anthropozentrisch überhöhtes Weltbild" entsteht, das Werte und Normen in Frage stellt. Wir gehen in der Verhaltensforschung stets von der Totalität lebender Systeme aus und damit von jenen realen Einheiten, die den Prozeß der Entwicklung tragen, der in Richtung und Geschwindigkeit jedoch von größeren Zusammenhängen bestimmt wird. Diese schließen den Menschen und die Frage nach seiner Evolution mit ein; den Menschen jedoch nur als ein Säugetier betrachten zu wollen, heißt alle Wesenseigenschaften zu negieren, die den Menschen zum Menschen machen (Tembrock 1982). Das hat auch Goethe in seinem denkwürdigen Brief vom 17. März 1832 an Wilhelm von Humboldt in seiner unverwechselbaren Diktion gesagt:

„Zu jedem Thun, daher zu jedem Talent, wird ein Angeborenes gefordert, das von selbst wirkt und die nöthigen Anlagen unbewußt mit sich führt ... Die Organe des Menschen durch Übung, Lehre, Nachdenken, Gelingen, Mißlingen, Förderniß und Widerstand und immer wieder Nachdenken, verknüpfen ohne Bewußtsein in einer freien Thätigkeit das Erworbene mit dem Angeborenen, so daß es eine Einheit hervorruft, welche die Welt in Erstaunen setzt." Denn: „Freue Dich, höchstes Geschöpf der Natur, du fühlst dich fähig, ihr den höchsten Gedanken, zu dem sie sich schaffend aufschwang, nachzudenken."

Literatur

Beer, Th., A. Bethe, J. v. Uexküll (1899), Vorschläge zu einer objektivierenden Nomenklatur in der Physiologie des Nervensystems. Biol. Zbl. 19, 517–521.

Bethe, A. (1952), Allgemeine Physiologie. Berlin-Göttingen-Heidelberg.

Bierens de Haan, J. A. (1940), Die tierischen Instinkte und ihr Umbau durch Erfahrung. Leiden.

Bilsing, A., J. Formanek, R. Schneider, M.Vanickova (1980), Untersuchungen zur umweltabhängigen Wirksamkeit akustischer Reize auf die Herzrate. Wiss. Z. Humb.-Univ. Math.-Nat. R. XXIX, 515–518.

Bilsing, A., H. Schicknick (1978), Untersuchungen zur Herzfrequenzänderung während einer Eingewöhnungszeit bei Einzeltier und Tiergruppe an *Cavia aperea*. Biol. Rundsch. 16, 388–391.

Büchner, L. (1876), Aus dem Geistesleben der Thiere. Leipzig.

Buytendijk, J. J. J. (1940), Wege zum Verständnis der Tiere. Zürich u. Leipzig.

Craig, W. (1918), Appetites an Aversions as Constituents of Instincts. Biol. Bull. Woods Hole 34, 91–107.

Duelli, P. (1975), Orientierung ohne richtende Außenreize bei Reptilien (*Hemidactylus frenatus*, Gekkonidae). Z. Tierpsychol. 38, 324–328.

Ehrenfels, Chr. v. (1890), Über Gestaltqualitäten. Vierteljahresschr. für Philosophie 14.

Ewert, J.–P. (1980), Neuroethology. An Introduction to the Neurophysiological Fundamentals of Behavior. Berlin-Heidelberg-New York.

Fischel, W. (1967), Vom Leben zum Erleben. München.

Friedrich, W., K.-P. Noack, S. Bönisch, L. Bisky (1978), Zur Kritik des Behaviorismus. Berlin.

Frisch, K. v. (1923), Über die „Sprache" der Bienen. Zool. Jahrb. Allg. Zool., Physiol. 40, 2–186.

Garrat, G. (1962), Marvels and Mysteries of Instinct. London.

Groves, D. L. (1976), Time utilization – an element to understanding behavior. Intern. J. Environm. Stud. 9, 111–121.

Heinroth, O. (1911), Beiträge zur Biologie, namentlich Ethologie und Psychologie der Anatiden. Ber. V. Internat. Ornith. Kongress 1910, 589–702.

Herter, K. (1953), Fischdressuren und ihre sinnesphysiologischen Grundlagen. Berlin.

Hertz, M. (1933), Über figurale Intensitäten in der optischen Wahrnehmung der Biene. Biol. Zbl. 53, 10–40.

Hess, W. R. (1968), Psychologie in biologischer Sicht. Stuttgart.

Holst, E. v. (1939), Entwurf eines Systems der lokomotorischen Periodenbildung bei Fischen. Z. vgl. Physiol. 26, 481–528.

Jaeger, G. (1884), Die Entdeckung der Seele. Leipzig, I und II.

Johst, V. (Herausgeb.) (1982), Biologische Verhaltensforschung am Menschen. 2. Aufl., Berlin.

Katz, D. (1948), Gestaltpsychologie. Basel.

Kawai, M. (1975), Precultural behavior of the Japanese Monkey. In: Hominisation und Verhalten (Edit. G. Kurth, I. Eibl-Eibesfeldt), Stuttgart, 32–55.
Klix, F. (1973), Information und Verhalten. Berlin.
Koehler, O. (1926), Sinnesphysiologie der Tiere. Jahresber. Ges. Physiol.
Köhler, W. (1921), Intelligenzprüfungen an Menschenaffen. Berlin. Neudruck 1963, Berlin-Heidelberg.
Köhler, W. (1930), Gestalt Psychology. London.
Koffka, K. (1935), Principles of Gestalt Psychology. New York.
Krebs, J. R., B. Davies (Edit.) (1981), Öko-Ethologie. Berlin u. Hamburg.
Kühn, A. (1919), Die Orientierung der Tiere im Raum. Jena.
Kühnelt, W. (1965), Grundriß der Ökologie. Jena.
Lewin, K. (1936), Principles of topological psychology. New York.
Lorenz, K. (1935), Der Kumpan in der Umwelt des Vogels. J. Ornith. 83, 137–213, 289–413.
Lorenz, K. (1978), Vergleichende Verhaltensforschung. Berlin-Heidelberg-New York.
Lundberg, U. (1981), Ethologie in heutiger Sicht. Biol. Zbl. 100, 257–271.
McDougall, W. (1947), Aufbaukräfte der Seele. Stuttgart.
Pawlow, J. P. (1926), Die höchste Nerventätigkeit (das Verhalten) von Tieren. (Übersetz. G. Volborth). München.
Peckham, G. u. E. (1904), Instinkt und Gewohnheiten der solitären Wespen. (deutsch: W. Schoenichen), Berlin.
Perthy, M. (1876), Über das Seelenleben der Thiere. Tatsachen und Betrachtungen. Leipzig u. Heidelberg.
Porzig, E. (Herausgeb.) (1969), Das Verhalten landwirtschaftlicher Nutztiere. Berlin.
Robel, J. (1981) Konzeption und Bau eines Hochlabyrinths. Diplomarbeit, Humb. Univ. Berlin.
Romanes, G. J. (1885), Die geistige Entwicklung im Tierreich. Leipzig.
Sambraus, H. H. (1978), Nutztierethologie. Berlin u. Hamburg.
Scheibe, K.-M. (Herausgeb.) (1982), Nutztierverhalten. Berlin.
Scheitlin, P. (1840), Versuch einer vollständigen Thierseelenkunde. Stuttgart und Tübingen, I, II.
Schneider, G. H. (1880), Der thierische Wille. Leipzig.
Schneider, K. C. (1912), Tierpsychologisches Praktikum in Dialogform. Leipzig.
Schneider, R. (1981), Der Einfluß der Raumgröße auf Verhalten und Herzfrequenz des Hausmeerschweinchens (*Cavia porcellus*) im „open field". Zool. Jb. Physiol. 85, 474–487.
Siegmund, R. (1981), Zeitmusteranalysen von Schwimmaktivität und Herzrate zur Bestimmung von Umwelteinflüssen auf das Verhalten von Fischen (Pisces,Cyprinidae). Diss. (B), Humb.-Univ. Berlin.
Siegmund R., J. Vogel (1977), The dependence of heart rate and locomotor activity on water temperature in the carp (*Cyprinus carpio* L.). Experientia 33, 1607–1609.
Tembrock, G. (1980), Strukturmaße in der Analyse sequentieller Verhaltensereignisse. Zool. Jb. Physiol. 82, 538–364.
Tembrock, G. (1982), Umweltbelastungen im Verhaltenskontext. Kongress- und Tagungsber. MLU Halle-Wittenberg: Umwelt-Stress, 26–34.
Tembrock, G. (1982), Individualisation und Evolution aus verhaltensbiologischer Sicht. Biol. Zbl. 101, 57–72.

Tembrock, G. (1982), Entwicklung der „Tierpsychologie“ als Wissenschaftsdisziplin seit Beginn des Evolutionsgedankens im 19. Jahrhundert. Wiss. Z. Humb.-Univ. Math-Nat. R. 31, 569–574.

Tinbergen, D. (1951), The study of Instinct. Oxford (Instinktlehre, Übersetz. O. Koehler, 5. Aufl. 1972).

Uexküll, J. v. (1909), Umwelt und Innenleben der Tiere. Berlin.

Warthold, R. (1981), Bioindikative Überwachung eines Nutzfischbestandes durch die Kontrolle tagesrhythmischer Verhaltensprozesse. Abh. Akad. Wiss. der DDR, Abt. Math.-Naturwiss.-Technik, Jahrgang 1979, Nr. 1 N, 319–324. Berlin.

Watson, J. B. (1919), Psychology from the Standpoint of a Behaviorist. Philadelphia.

Wertheimer, M. (1925), Drei Abhandlungen zur Gestalttheorie. Erlangen.

Whitman, C. O. (1898), Animal Behavior. Biol. Lect. Mar. Biol. Lab. (Woods Hole, Mass.), 285–338.

Wundt, W. (1863), Vorlesungen über die Menschen- und Thierseele. 5. Aufl. 1911, Hamburg u. Leipzig.

Zabka, H. (1981), Zeitmuster des lokomotorischen Verhaltens von Silberkarpfen (Cyprinidae: *Hypophthalmichthys molitrix* Val.) unter Laborbedingungen und den Bedingungen der industriellen Fischproduktion. Dissert. Humboldt-Univ. Berlin.

FSC
www.fsc.org
MIX
Papier | Fördert
gute Waldnutzung
FSC® C083411

Zeitfracht Medien GmbH
Ferdinand-Jühlke-Straße 7
99095 Erfurt, Deutschland
produktsicherheit@kolibri360.de